Verónica del Pilar Gavilanes Fray
Fausto Mauricio Tamayo Vásquez
Blanca Georgina Costales Coronel

Corpos vazios, mentes limitadas

Verónica del Pilar Gavilanes Fray
Fausto Mauricio Tamayo Vásquez
Blanca Georgina Costales Coronel

Corpos vazios, mentes limitadas

A desnutrição e o seu impacto no desenvolvimento psicomotor das crianças

ScienciaScripts

Cover image: www.ingimage.com

This book is a translation from the original published under ISBN 978-613-9-44082-5.

Publisher:
Sciencia Scripts
is a trademark of
Dodo Books Indian Ocean Ltd. and OmniScriptum S.R.L publishing group

120 High Road, East Finchley, London, N2 9ED, United Kingdom
Str. Armeneasca 28/1, office 1, Chisinau MD-2012, Republic of Moldova, Europe
Printed at: see last page
ISBN: 978-620-8-26141-2

"Corpos vazios, mentes limitadas: a desnutrição e o seu impacto no desenvolvimento psicomotor das crianças".

Autores: Verónica Gavilanes Fray, Mauricio Tamayo Vásquez, Blanca Costales Coronel.

RESUMO

A malnutrição das crianças com menos de cinco anos de idade tem várias causas e consequências que têm um impacto a nível nacional. Esta investigação tem como objetivo contribuir para a redução da desnutrição infantil. A infância é uma fase crucial do desenvolvimento humano, marcada pelo crescimento e desenvolvimento que requer uma alimentação adequada, essencial para o organismo. No Equador, 27,2% das crianças com menos de dois anos sofrem de desnutrição crónica, o que afecta a produtividade do país e tem repercussões ao longo da vida. A falta de uma alimentação saudável antes dos 5 anos de idade influencia negativamente o desenvolvimento físico, emocional e intelectual das crianças. As crianças subnutridas têm frequentemente um peso e uma altura inferiores aos esperados para a sua idade. No entanto, existem múltiplos factores que contribuem para a subnutrição infantil, incluindo danos cerebrais causados pela falta de nutrientes. Além disso, o problema não se limita à carência de alimentos, mas pode estar relacionado com a falta de conhecimentos dos pais sobre uma alimentação correta para os seus filhos, o que pode ter efeitos adversos no organismo.

Introdução à subnutrição infantil

- **Definição de malnutrição**

A nutrição é um processo essencialmente biológico que é ativado quando o ser humano consome os alimentos necessários para manter uma vida saudável. Este processo envolve a absorção de nutrientes essenciais, que são integrados no organismo para garantir o crescimento adequado e o funcionamento ótimo de todas as funções corporais. A qualidade da nutrição tem impacto não só no desenvolvimento físico, mas também no bem-estar geral, incluindo os aspectos mentais e emocionais. Uma nutrição equilibrada é essencial para reforçar o sistema imunitário, melhorar a capacidade cognitiva e prevenir doenças a longo prazo. Além disso, uma nutrição adequada durante as fases críticas do crescimento, como a infância e a adolescência, é crucial para o desenvolvimento global do indivíduo, influenciando a sua saúde e qualidade de vida futuras. (Carpio-Arias, et al., 2018)..

De acordo com (Martínez, Salazar Duque, Portugal Morejón, & Lala Gualotuña, 2020)a desnutrição refere-se a um conjunto de sintomas clínicos, bem como alterações bioquímicas e antropométricas que resultam da ingestão insuficiente e/ou utilização inadequada de macronutrientes, o que leva à insatisfação das necessidades nutricionais do organismo. Esta condição não só reduz as defesas do organismo, aumentando a vulnerabilidade a várias doenças, como também se manifesta num peso ou altura corporal abaixo do que seria adequado para a idade do indivíduo.

A subnutrição é, pois, um fenómeno complexo e multifatorial, influenciado por um vasto leque de condições sociais e económicas. É um dos problemas mais graves que as crianças enfrentam a nível mundial. De acordo com a UNICEF, a Organização Mundial de Saúde (OMS) e o Banco Mundial (2019), a subnutrição infantil é um reflexo das desigualdades estruturais que afectam milhões de crianças em todo o mundo, limitando não só o seu desenvolvimento físico, mas também o seu potencial cognitivo e a sua capacidade de levar uma vida saudável no futuro. Este problema exige uma atenção urgente e uma abordagem abrangente que trate tanto as causas imediatas como as subjacentes à desnutrição, incluindo a pobreza, a falta de acesso a serviços de saúde e educação e a insegurança alimentar. (UNICEF, 2022), (Saúde, 2024).

Definição de malnutrição

A malnutrição pode ser definida como um desequilíbrio nutricional que se manifesta num indivíduo, quer através de uma dieta deficiente ou excessiva. Esta condição é um dos factores mais importantes que contribuem para o peso global da doença, uma vez que mais de um terço das doenças infantis em todo o mundo têm origem na desnutrição, que é principalmente desencadeada pela pobreza, de acordo com (Gonzalez, Font, Ochoa, Rodriguez, & Estrada, 2020).

A subnutrição tem sido historicamente reconhecida como uma componente essencial da manutenção de uma boa saúde e da garantia de uma qualidade de vida adequada. Desde a antiguidade, figuras como Hipócrates e Galeno consideravam-na de importância vital. A desnutrição proteico-energética, em particular, refere-se a um conjunto de manifestações clínicas, alterações bioquímicas e antropométricas que ocorrem quando uma pessoa não ingere a quantidade necessária de nutrientes, de acordo com o seu peso, que os seus órgãos e tecidos necessitam para funcionar e desenvolver-se corretamente. Esta condição é conhecida como uma alteração sistémica que é potencialmente reversível e apresenta diferentes graus de intensidade. (Cuevas-Nasu, et al., 2019)..

É hoje reconhecido que, desde a segunda metade do século passado, surgiram novas investigações e mudanças significativas no campo da nutrição, colocando importantes desafios teóricos. A desnutrição é essencialmente um fenómeno multifatorial, envolvendo aspectos biológicos, sociais, culturais e socioeconómicos. (Paraje, 2008).. Para além disso, (Pozo Aguilar, 2022) salienta que esta patologia, sendo o resultado de um consumo alimentar insuficiente, facilita o aparecimento súbito de doenças infecciosas. A desnutrição é classificada de acordo com o seu tempo de aparecimento como aguda ou crónica; de acordo com a sua causa, pode ser primária, se for devida a uma falta de ingestão de alimentos, ou secundária, se for devida a um impacto biológico causado por outras patologias. Também é classificada de acordo com a sua gravidade como ligeira, moderada ou grave, e de acordo com o seu mecanismo fisiopatológico, como marasmo, Kwashiorkor ou mista.

Esta abordagem holística e complexa da subnutrição sublinha a necessidade de a abordar a partir de múltiplas perspectivas, tendo em conta não só o fornecimento de alimentos, mas também as condições socioeconómicas e culturais que contribuem para o seu desenvolvimento. O desafio de abordar a subnutrição a nível mundial exige soluções integradas que possam ser adaptadas a diferentes contextos e necessidades, reconhecendo que se trata de um problema que afecta profundamente o bem-estar físico, mental e social das pessoas, especialmente das mais vulneráveis.

Tipos de malnutrição

De acordo com (Cancela, 2021)a desnutrição manifesta-se como uma doença resultante de uma alimentação inadequada, pobre em calorias e proteínas. Esta condição pode ser causada por factores sociais, como a fome que afecta as regiões subdesenvolvidas, ou por deficiências no organismo, como no caso da anorexia, em que o corpo não consegue absorver os nutrientes necessários. A subnutrição tem um impacto particularmente devastador em fases críticas como a gravidez, a fase fetal, a infância e a velhice. Atualmente, afecta um em cada seis adultos e uma em cada três crianças.

Esta situação reflecte não só a falta de acesso a uma alimentação adequada, mas também a complexidade dos factores que contribuem para a subnutrição, que incluem tanto elementos biológicos como socioeconómicos. Durante a gravidez e a fase fetal, a subnutrição pode causar problemas graves no desenvolvimento fetal, aumentando o risco de complicações tanto para a mãe como para a criança. Na infância, esta condição pode resultar num crescimento deficiente e em problemas cognitivos, que muitas vezes têm efeitos duradouros na saúde e no bem-estar ao longo da vida.

Do mesmo modo, a subnutrição na velhice pode conduzir a uma deterioração mais rápida da saúde, agravando as doenças crónicas e aumentando a vulnerabilidade às infecções. A prevalência da subnutrição nestas fases da vida sublinha a importância de a abordar não apenas como um problema alimentar, mas como um desafio que exige intervenções abrangentes e sustentáveis. A promoção de políticas e programas que garantam o acesso a uma nutrição adequada a todas as pessoas, especialmente às populações mais vulneráveis, é essencial para atenuar os efeitos devastadores da subnutrição em todas as fases da vida.

Tabela 1. Tipos de malnutrição

TIPO DE DESNUTRIÇÃO INFANTIL CRÓNICA	FACTORES QUE INFLUENCIAM A SUBNUTRIÇÃO INFANTIL	MANIFESTAÇÕES SOBRE A DESNUTRIÇÃO INFANTIL
DESNUTRIÇÃO INFANTIL CRÓNICA	-Atropelamento. -Indica uma carência de nutrientes necessários durante um período de tempo prolongado.	Diz-se que se trata de um fenómeno multifatorial, resultante de um vasto leque de condições sociais e económicas.

DESNUTRIÇÃO AGUDA MODERADA EM CRIANÇAS	-Pesa menos do que o adequado para a sua altura. -É também medida pela circunferência do braço, que está abaixo do padrão de referência. -Requer tratamento imediato para evitar o agravamento da doença.	Manifesta-se por um baixo peso em relação à altura do indivíduo, que é causado por uma situação recente de falta de alimentos ou por uma doença que produziu uma rápida perda de peso. Este tipo de desnutrição é recuperável, mas se não for tratada atempadamente, coloca a vida do indivíduo em grande risco.
DESNUTRIÇÃO GRAVE OU AGUDA GRAVE EM CRIANÇAS	-A criança está muito abaixo do padrão de referência para a sua altura. -É também medido pela circunferência do braço. -Perturba todos os processos vitais da criança e comporta um risco elevado de mortalidade. -O risco de morte de uma criança com malnutrição aguda grave é 9 vezes superior ao de uma criança normal.	Manifesta-se por uma baixa estatura de acordo com a idade do indivíduo, como consequência de doenças recorrentes e/ou de uma ingestão alimentar deficiente e prolongada. Este tipo de desnutrição diminui permanentemente as capacidades físicas, mentais e produtivas do indivíduo, quando ocorre entre a gestação e os trinta e seis meses.

Elaborado por: Autores

O Marasmo

Este tipo de desnutrição caracteriza-se por uma baixa ingestão de alimentos e é especialmente frequente nas crianças das classes sociais mais baixas das zonas urbanas. Estas crianças são frequentemente amamentadas durante um curto período de tempo e depois alimentadas com leites diluídos e frequentemente contaminados com água, o que aumenta o risco de diarreia e de infecções gastrointestinais, contribuindo para a sua desnutrição.

Um bebé que sofre de marasmo, uma forma grave de malnutrição, apresenta um atraso significativo no peso para a idade e no peso para a altura. Além disso, perdem grande parte do tecido adiposo subcutâneo, deixando a pele flácida e os ossos mais visíveis, dando-lhes um aspeto frágil e emaciado. Estas crianças não só têm um crescimento físico atrofiado, como também podem sofrer de fraqueza muscular, desenvolvimento cognitivo deficiente e um sistema imunitário comprometido, o que as torna mais vulneráveis a outras doenças.

A situação é particularmente grave em contextos em que a pobreza limita o acesso a uma nutrição adequada e a serviços de saúde, perpetuando um ciclo de subnutrição e doença. Para estas crianças, a intervenção precoce é crucial, uma vez que a subnutrição prolongada pode ter efeitos irreversíveis no seu desenvolvimento físico e mental. Para combater esta forma de desnutrição, é necessário não só melhorar o acesso a alimentos seguros e nutritivos, mas também implementar programas de educação e apoio à família para garantir que as crianças recebem cuidados e nutrição adequados desde o nascimento. (Saca Molina, 2018).

(Realpe Muñoz, 2013) descreve o marasmo como uma forma crónica de malnutrição proteico-energética (PEM), caracterizada por uma perda grave de tecido subcutâneo, músculo e gordura, fazendo com que as crianças afectadas tenham uma aparência envelhecida ou pele enrugada. Apesar da grave perda de peso que estas crianças sofrem, elas são surpreendentemente mais capazes de suportar uma ingestão reduzida de proteínas e lípidos em comparação com outros tipos de malnutrição.

No entanto, esta resiliência não deve ser interpretada como um sinal de saúde, mas como uma adaptação do corpo a uma deficiência extrema de nutrientes. Embora o marasmo possa parecer menos mortal a curto prazo do que outras formas de malnutrição, como o Kwashiorkor, os seus efeitos a longo prazo são igualmente devastadores. As crianças com marasmo não só sofrem um atraso significativo no seu crescimento físico, como também enfrentam um risco elevado de infecções e de perturbações cognitivas, uma vez que o seu corpo, num esforço para conservar energia, sacrifica o desenvolvimento de funções vitais.

A intervenção precoce é essencial para estas crianças, uma vez que o marasmo, se não for corretamente tratado, pode levar a complicações graves e mesmo à morte. É crucial fornecer apoio nutricional intensivo e cuidados médicos para inverter os efeitos desta doença e permitir que as crianças recuperem a sua saúde e desenvolvimento normais. Além disso, é importante abordar as causas subjacentes ao marasmo, como a pobreza, a insegurança alimentar e a falta de acesso aos serviços de saúde, para evitar que mais crianças sofram desta forma grave de desnutrição.

Kwashiorkor

Este tipo de malnutrição caracteriza-se por uma carência quase exclusiva de proteínas. Afecta geralmente as crianças que, após um período prolongado de amamentação, começam a receber uma dieta baseada principalmente em hidratos de carbono, mas com uma ingestão muito baixa de proteínas. Estas crianças apresentam edemas na zona abdominal e o seu estado de desnutrição pode ser agravado por diversas infecções. (Naranjo Castillo, Alcivar Cruz, Rodriguez Villamar, & Betancourt Bohórquez, 2020)..

Clinicamente, um dos sinais mais caraterísticos é a presença de edema, acompanhado de outros sintomas como dermatose, diarreia, fígado gordo, alterações no cabelo, perda de interesse e diminuição do apetite. (Realpe Muñoz, 2013). Apesar da desnutrição, o peso da criança pode parecer adequado para a sua idade. Este tipo de malnutrição proteico-energética (PEM) é mais comum nas zonas rurais dos países em desenvolvimento, afectando principalmente crianças com cerca de 2 anos de idade, coincidindo com o período de desmame e a introdução de uma dieta rica em amido mas pobre em proteínas.

Este tipo de desnutrição está associado a uma perda de proteínas no compartimento visceral do corpo, especialmente no fígado, enquanto o músculo e o tecido adiposo estão geralmente relativamente preservados. A hipoalbuminemia daí resultante provoca um edema generalizado, que pode mascarar a perda de peso efectiva. O aumento do fígado gordo é causado por uma síntese inadequada de lipoproteínas, levando à acumulação de triglicéridos no fígado, mobilizados de outras partes do corpo.

Além disso, as crianças afectadas apresentam frequentemente apatia, apatia e anorexia. A atrofia reversível da mucosa do intestino delgado pode levar a problemas de má absorção. (Connect, 2018).

Este tipo de subnutrição realça a importância de uma dieta equilibrada que forneça não só energia, mas também nutrientes essenciais, como as proteínas, para a saúde e o desenvolvimento geral da criança. Sem uma intervenção adequada, esta doença pode ter efeitos devastadores a longo prazo na saúde e no desenvolvimento das crianças afectadas.

Graus de malnutrição infantil

Quadro 2: Graus de subnutrição infantil

Graus de malnutrição infantil		
Subnutrição de grau I	**Subnutrição de grau II**	**Desnutrição de grau IIII**
A subnutrição de grau I ou ligeira ocorre quando o peso para a idade da criança é normal, mas o peso para a altura é baixo. Trata-se de crianças que, apesar de terem uma altura normal, não conseguiram atingir um peso para a altura.	A subnutrição de grau II ou moderada ocorre quando uma criança com menos de um ano de idade tem um baixo rácio peso/idade. A subnutrição moderada também é considerada quando as crianças com idades entre 1 e 4 anos têm uma baixa relação peso/altura.	A subnutrição de grau III ou grave ocorre se a criança com menos de um ano de idade tiver um défice de 40% ou mais do peso ideal para a sua idade. Além disso, a subnutrição grave ocorre quando uma criança com mais de um ano de idade tem uma redução da relação peso/altura superior a 30%.

De acordo com (UNICEF, 2021) é importante esclarecer que quanto mais cedo a desnutrição for tratada, mais rápida é a recuperação e menores são as sequelas que podem permanecer.

Tipos de factores determinantes da subnutrição

Existem diferentes tipos de factores determinantes da subnutrição, que podem ser classificados como imediatos, subjacentes e básicos. As determinantes imediatas incluem factores como a falta de aleitamento materno até uma idade adequada e a presença de doenças infecciosas, como as infecções respiratórias agudas e a diarreia aguda, que afectam tanto a ingestão como a utilização dos nutrientes. Além disso, a subnutrição é também influenciada por dietas insuficientes, tanto em quantidade como em qualidade, reflectindo a falta de uma alimentação complementar adequada (Fernández-Martínez, 2022). (Fernandez-Martinez, 2022).

Os factores determinantes subjacentes à subnutrição incluem a insegurança alimentar, que se refere à falta de acesso consistente a alimentos nutritivos e suficientes; práticas inadequadas de cuidados infantis e de alimentação; falta de acesso a serviços médicos; e más condições de higiene, que podem exacerbar a vulnerabilidade às doenças e, consequentemente, à subnutrição. Por outro lado, os determinantes subjacentes estão ligados a factores mais amplos, como as políticas económicas e sociais do país, o ambiente sociocultural e os recursos disponíveis a nível comunitário e nacional (Fernandez-Martinez, 2022)..

A complexidade da subnutrição reside na interação entre estes diferentes níveis de determinantes. Os factores imediatos, como as doenças e a má nutrição, são frequentemente sintomas de problemas subjacentes e básicos mais profundos. Por exemplo, a insegurança alimentar não é apenas o resultado da pobreza, mas também de políticas inadequadas que não asseguram uma distribuição equitativa dos recursos. Do mesmo modo, a falta de acesso aos serviços de saúde e de educação pode ser o resultado de decisões políticas e económicas que não dão prioridade ao bem-estar dos mais vulneráveis.

Para lutar eficazmente contra a subnutrição, é fundamental adotar uma abordagem global que não se limite a tratar os sintomas imediatos, mas que aborde igualmente as causas subjacentes e fundamentais. Isto inclui a melhoria da segurança alimentar, a promoção de práticas adequadas de cuidados e alimentação, a garantia de acesso a serviços de saúde de qualidade e a promoção de políticas que reduzam as desigualdades sociais e económicas. Só através de uma abordagem multifacetada e sustentada é possível reduzir a prevalência da subnutrição e melhorar a saúde e o bem-estar das populações afectadas.

Estatísticas globais e regionais

A subnutrição infantil é reconhecida como um problema global e generalizado que surge devido a uma deficiência de nutrientes essenciais nos regimes alimentares das crianças. Esta condição não só afecta o bem-estar imediato da criança, como também tem consequências a longo prazo, incluindo atrasos significativos no desenvolvimento físico e cognitivo e, nos casos mais graves, o aparecimento de doenças graves e debilitantes.

O impacto da subnutrição nos primeiros anos de vida é particularmente preocupante, uma vez que esta fase é crucial para o crescimento e o desenvolvimento do cérebro. As crianças que não recebem uma nutrição adequada podem apresentar um crescimento lento, um desenvolvimento deficiente do sistema imunitário e uma maior suscetibilidade a infecções e doenças crónicas. A longo prazo, estes efeitos podem perpetuar um ciclo de pobreza e problemas de saúde, afectando não só os indivíduos mas também o desenvolvimento socioeconómico de comunidades inteiras.

Além disso, a subnutrição infantil está estreitamente ligada a um fraco desempenho académico, o que pode limitar as oportunidades de educação e de emprego na vida adulta, perpetuando assim a desigualdade e a exclusão social. Nos casos mais extremos, a subnutrição pode conduzir a doenças catastróficas, como o Kwashiorkor ou o marasmo, que, se não forem devidamente tratadas, podem ser fatais.

Por conseguinte, a luta contra a subnutrição infantil exige uma abordagem multifacetada que inclua a melhoria do acesso a alimentos nutritivos, a promoção do aleitamento materno, a educação sobre práticas alimentares saudáveis e a aplicação de políticas públicas que abordem as desigualdades socioeconómicas subjacentes. Só através de um esforço concertado e sustentado é possível reduzir significativamente a prevalência da subnutrição infantil e atenuar as suas consequências devastadoras a longo prazo. (Ramos-Padilla, 2020)..

De acordo com a Organização Mundial de Saúde (OMS), em 2018, cerca de um terço de todas as mortes de crianças foram atribuídas à subnutrição. Esta condição continua a ser uma das principais causas de problemas de saúde e mortalidade prematura em crianças com menos de cinco anos de idade, especialmente nos países em desenvolvimento. (Health O. M., 2021)..

A subnutrição é um problema complexo e multifatorial que não só prejudica o crescimento físico das crianças, como também afecta negativamente o seu desenvolvimento cognitivo e emocional. Vários factores sociais, culturais e económicos contribuem para a elevada prevalência da subnutrição infantil, sendo estas causas mais prevalecentes nas comunidades rurais. Nestas zonas, a pobreza, a falta de acesso a alimentos nutritivos, as práticas alimentares inadequadas e a falta de serviços básicos de saúde criam um ambiente em que as crianças são particularmente vulneráveis à subnutrição.

O impacto da subnutrição no desenvolvimento infantil tem consequências a longo prazo, afectando não só a saúde individual, mas também o progresso económico e social das comunidades afectadas. Por conseguinte, a resolução deste problema exige intervenções abrangentes que considerem não só o fornecimento de alimentos, mas também a educação, a melhoria das condições de vida e a implementação de políticas que abordem as desigualdades estruturais que perpetuam a subnutrição nas regiões mais vulneráveis. (UNICEF, 2021).

A subnutrição infantil crónica afecta 27,2% das crianças com menos de dois anos no Equador, o que faz do país o segundo mais subnutrido da América Latina, apenas atrás da Guatemala.

Esta situação tem repercussões profundas na produtividade nacional e um impacto duradouro na vida das pessoas. De acordo com (Quirindumbay Uchupailla, 2016) a falta de nutrição adequada nas crianças com menos de 5 anos afecta drasticamente o seu crescimento físico, emocional e intelectual. As crianças que sofrem de malnutrição geralmente não atingem o peso e a altura correspondentes à sua idade, o que se traduz num crescimento físico insuficiente e num peso corporal muito baixo.

A subnutrição é um grave problema mundial devido à sua ampla magnitude e ao seu impacto na morbidade e mortalidade infantil, especialmente em contextos com condições socioeconómicas desfavoráveis que deterioram a qualidade de vida da população em geral. (Cuevas-Nasu, et al., 2019)..

Esta deficiência nutricional pode ter origem no período pré-natal, afectando as crianças desde a gestação até aos três primeiros anos de vida, conduzindo à subnutrição primária e crónica. Estas condições têm uma influência significativa na capacidade física, intelectual, emocional e social das crianças, uma vez que a deterioração nutricional reduz a sua capacidade de aprendizagem durante os anos escolares e limita as suas oportunidades de acesso a níveis mais elevados de educação. (Jiménez Benítez D., 2010)..

No entanto, a subnutrição infantil não deve ser vista apenas como um problema de falta de alimentos, mas como uma questão social mais profunda, que exige uma consideração holística na procura de soluções para os mais afectados. (Rivadeneira, 2020)..

Além disso, pode ser feita uma distinção entre subnutrição primária e secundária; a subnutrição primária surge quando há uma falta de nutrientes na criança devido a vários factores estabelecidos, enquanto a subnutrição secundária está associada a doenças pré-existentes na criança, que não dependem de factores sociais ou culturais. Estas doenças podem incluir doenças genéticas, imunológicas e outras que causam deformações em órgãos como o coração, o cérebro, o fígado e os rins. A desnutrição secundária pode ser identificada através de uma avaliação médica, uma vez que apresenta sinais e sintomas como diarreia, perda de peso, desidratação e infecções. (Cueva Moncayo & Pérez Padilla, 2021)..

É essencial promover e apoiar o aleitamento materno como estratégia chave para assegurar o desenvolvimento adequado da criança e prevenir a subnutrição infantil e várias doenças infecciosas. O aleitamento materno exclusivo (AME), que consiste em alimentar o bebé apenas com leite materno, excluindo sólidos e outros líquidos, demonstrou ser altamente eficaz na redução do risco de doença.

Estudos demonstraram que o aleitamento materno reduz a incidência de infecções, especialmente as infecções gastrointestinais, com uma redução de 64% na sua ocorrência. Além disso, o efeito protetor do leite materno não se observa apenas durante a amamentação, mas persiste até dois meses após a interrupção da amamentação, constituindo uma barreira adicional contra infecções e outros problemas de saúde. Por conseguinte, a promoção do aleitamento materno é essencial não só para o bem-estar físico da criança, mas também para melhorar as suas defesas imunitárias ao longo do tempo. (Brahm & Valdés, 2017)..

Causas da subnutrição infantil

Os factores contextuais que influenciam as desigualdades na saúde são múltiplos e abrangem diferentes níveis de influência, desde as decisões governamentais até aos aspectos sociais e culturais. Entre os mais importantes contam-se os governos, as políticas macroeconómicas e as políticas sociais e de saúde, que desempenham um papel fundamental na distribuição dos recursos de saúde. Além disso, factores como a cultura, os valores e as normas sociais também contribuem para moldar as desigualdades no acesso à saúde. Em particular, o Estado-providência e as políticas redistributivas surgem como dois dos elementos mais influentes para garantir uma melhor saúde pública; a Organização Mundial de Saúde (OMS) também destaca a relevância da hierarquia social, que define as relações de classe e a estrutura social nas comunidades. (Health O. M., 2024). .

De acordo com (Alvarez Ortega, 2019) um dos principais determinantes das desigualdades em saúde é a posição socioeconómica, que está ligada a fatores como o rendimento, o acesso a recursos e o emprego. Estes determinantes estruturais, como o género, a etnia ou a raça, afetam diretamente a saúde, criando uma estratificação social que gera disparidades nas condições de vida e de trabalho. Esta estratificação reforça as desigualdades sociais através de factores como a educação, a profissão e outros determinantes estruturais.

Por outro lado, (Brahm & Valdés, 2017) salienta que as causas diretas do atraso de crescimento infantil incluem práticas inadequadas de amamentação, alimentação complementar insuficiente e a incidência de doenças infecciosas. A ingestão deficiente de energia e nutrientes resulta de práticas alimentares inadequadas e dietas de baixa qualidade, especialmente em populações extremamente pobres, onde a insegurança alimentar das famílias é comum.

A subnutrição infantil é causada por uma nutrição deficiente em quantidade e qualidade, tanto nas mães como nas crianças, bem como pela falta de acesso a água potável e por condições insalubres, que conduzem a doenças infecciosas como a diarreia. Para combater este problema, é crucial implementar políticas alimentares eficazes centradas nos sectores mais vulneráveis. Caso contrário, o crescimento físico e intelectual será atrofiado, dando origem a adultos com produtividade limitada e propensos a desenvolver doenças crónicas, cardiovasculares e metabólicas.

De acordo com o autor (Santafé Sánchez, Sánchez Rodríguez, A.L., & C.H., 2012) má ingestão alimentar, em que o corpo humano gasta mais energia do que os alimentos que consome. Existem doenças médicas que têm o potencial de desencadear má absorção ou problemas na ingestão de alimentos, causando assim a desnutrição. Oh situações sociais, ambientais ou económicas têm o potencial de arrastar os indivíduos para a subnutrição Estas razões podem ser:

Patologias médicas: Anorexia nervosa, Bulimia, Doença celíaca, Coma, Depressão, Diabetes mellitus, Doença gastrointestinal, Vómitos constantes.

Complicações

Coração: o coração perde massa muscular, assim como outros músculos do corpo. Na fase mais avançada, há uma insuficiência cardíaca e segue-se a morte.

Sistema imunitário: torna-se ineficaz. O corpo não consegue produzir células de proteção. Posteriormente, são frequentes as infecções intestinais, respiratórias e outras. A duração das patologias é mais longa e o prognóstico é consistentemente pior do que nos indivíduos normais. A cicatrização é mais lenta.

Sangue: é provável que ocorra anemia por deficiência de ferro relacionada com a má nutrição.

Trato intestinal: há uma menor secreção de HCL pelo estômago, o que torna o ambiente mais adequado para o crescimento bacteriano. O intestino reduz seu ritmo peristáltico e sua absorção de nutrientes é bastante limitada. (Senna Rodrigues, Campos Pellanda, & Andreatta Gottschall, 2012)..

Factores socioeconómicos

De acordo com (Alvarez Ortega, 2019)o baixo rendimento familiar acompanha quase sempre a desnutrição, que se deve à baixa disponibilidade e acesso aos alimentos, à falta de meios para os produzir ou comprar, às más condições sanitárias, aos maus cuidados infantis, à falta de acesso à educação, às más práticas alimentares, aos caprichos alimentares e aos factores emocionais.

- Factores socioculturais

O papel da família é crucial nos cuidados e no apoio à nutrição infantil, tal como afirmado por (Alvarez Ortega, Desnutrición infantil, una mirada desde diversos factores, 2019).. Estudos demonstram que o pai, a mãe e outros membros próximos da família, como a sogra, desempenham um papel significativo no desenvolvimento saudável da criança. Este apoio não se limita apenas ao fornecimento de alimentos, mas também à garantia de um ambiente de cuidados adequado, incluindo o tempo passado com a criança e as condições socioculturais em que a criança cresce.

O envolvimento da família nas decisões sobre a nutrição e o bem-estar das crianças contribui significativamente para a prevenção da subnutrição infantil. Um ambiente familiar que promova hábitos alimentares saudáveis, bem como um ambiente de carinho e proteção, pode contrariar factores externos que influenciam negativamente a saúde das crianças, como a pobreza ou a falta de acesso a serviços básicos de saúde. Por este motivo, é importante salientar que o apoio familiar abrangente, especialmente nos primeiros anos de vida, é um fator determinante para garantir o crescimento e o desenvolvimento adequados da criança, reduzindo consideravelmente os riscos de desnutrição e outras deficiências nutricionais.

- **Factores biológicos**

Os factores biológicos referem-se aos elementos inerentes à suscetibilidade de um indivíduo desenvolver subnutrição. Estes factores influenciam a capacidade do organismo para utilizar adequadamente os nutrientes, para além da quantidade ou qualidade dos alimentos consumidos. Por outras palavras, mesmo que uma pessoa coma alimentos suficientes ou de boa qualidade, a presença de deficiências biológicas pode interferir com a absorção e utilização adequadas dos nutrientes, limitando a utilização dos mesmos e aumentando o risco de desnutrição. Estas limitações podem estar relacionadas com aspectos como o metabolismo, problemas enzimáticos ou carências de vitaminas e minerais essenciais, o que realça a importância de considerar tanto a quantidade como a eficiência com que o organismo processa os alimentos. (Álvarez Ortega, Desnutrición infantil, una mirada desde diversos factores, 2019)..

- **Factores ambientais**

De acordo com (Martínez & Andrés, 2007)os factores ambientais determinam o ambiente em que as crianças e as suas famílias se desenvolvem. Estes factores incluem tanto os riscos naturais inerentes ao ambiente, como as catástrofes naturais (inundações, terramotos, furacões, etc.), como os gerados pela atividade humana, também conhecidos como factores antropogénicos, que incluem problemas como a poluição da água, do ar e dos alimentos. Estes factores ambientais têm uma influência direta na subnutrição infantil, uma vez que a qualidade da produção alimentar e a ocorrência de epidemias são profundamente influenciadas pelo estado do ambiente. A vulnerabilidade das crianças com menos de cinco anos é particularmente crítica, uma vez que os seus sistemas imunitários em desenvolvimento não são suficientemente fortes para resistir a doenças que se desenvolvem em condições ambientais adversas.

Além disso, o impacto dos factores ambientais não só afecta a disponibilidade de alimentos saudáveis, como também aumenta o risco de doenças infecciosas e parasitárias, que agravam ainda mais a situação de subnutrição. As zonas rurais e empobrecidas, onde os serviços básicos são limitados ou inexistentes, tendem a ser as mais afectadas, exacerbando as desigualdades na saúde e no desenvolvimento das crianças.

- **Factores ambientais da habitação**

  (Chimborazo Bermeo & Aguaiza Pichazaca, 2023) salienta que as condições ambientais da habitação também desempenham um papel crucial no bem-estar das crianças, representando uma barreira significativa ao seu desenvolvimento saudável. A falta de acesso a serviços essenciais como água potável, sistemas de drenagem, recolha adequada de lixo, saneamento básico e eletricidade contribuem para a contaminação do ambiente doméstico, o que afecta diretamente a saúde das crianças. A ausência destes recursos, especialmente nas zonas rurais e nas comunidades indígenas onde as infra-estruturas são limitadas, cria um ambiente propício à proliferação de doenças infecciosas e a uma deterioração geral da qualidade de vida.

Nestas áreas, a falta de água potável e de saneamento adequado facilita a propagação de doenças gastrointestinais, o que, por sua vez, afecta significativamente o crescimento e o desenvolvimento das crianças, perpetuando o ciclo de pobreza e exclusão social. A falta de eletricidade e de outros serviços essenciais também limita as oportunidades de educação e de melhoria das condições de vida, afectando não só a saúde física, mas também o desenvolvimento cognitivo e emocional das crianças.

- **Factores de risco na comunidade**

A subnutrição, para além de estar relacionada com factores fisiológicos, é também influenciada por uma série de factores sociais, políticos, económicos, culturais e ambientais que interagem entre si. Há muito que a pobreza é reconhecida como uma das principais causas subjacentes à subnutrição. De acordo com (Chimborazo Bermeo & Aguaiza Pichazaca, 2023)a pobreza leva a uma baixa disponibilidade de alimentos e a um acesso desigual aos alimentos no seio da família, combinados com problemas como a sobrelotação, a falta de saneamento e cuidados infantis inadequados. Estas condições criam um ambiente propício ao desenvolvimento da malnutrição, especialmente em crianças pequenas, cujo bem-estar depende em grande medida da qualidade do ambiente familiar e comunitário.

De acordo com (Naranjo Castillo A. E., 2020)estes factores em conjunto contribuem diretamente para o aparecimento da desnutrição proteico-energética. A falta de educação alimentar e a baixa escolaridade dos pais, associadas à pobreza, geram práticas alimentares incorrectas nos primeiros anos de vida da criança. A introdução tardia de alimentos, em condições pouco higiénicas, em quantidades insuficientes e com pouca variedade nutricional, é muitas vezes orientada por crenças erróneas ou pela falta de conhecimentos sobre nutrição adequada. Como resultado, as crianças não recebem a quantidade necessária de energia, proteínas, vitaminas e minerais para um crescimento saudável, o que esgota as suas reservas nutricionais e aumenta a sua suscetibilidade a infecções. Isto afecta não só o seu crescimento físico, mas também o seu desenvolvimento cognitivo e emocional, exacerbando a prevalência da desnutrição proteico-energética.

O problema da subnutrição não se limita aos primeiros anos de vida, mas tem frequentemente origem na gravidez. Quando a mãe não mantém uma nutrição adequada antes ou durante a gravidez, ou sofre de uma doença, é mais provável que dê à luz um bebé com baixo peso, o que aumenta o risco de atraso no desenvolvimento e de subnutrição nos primeiros meses de vida. De acordo com (Alvarez Ortega, Desnutrición infantil, una mirada desde diversos factores, 2019)outro fator que agrava esta situação é que muitas mães, especialmente em contextos de pobreza, são obrigadas a dedicar muito do seu tempo para garantir a segurança alimentar da família, o que reduz o tempo e a atenção que podem dar aos seus filhos, afectando a sua nutrição e cuidados.

Para além destes factores individuais e familiares, os problemas estruturais dos sistemas políticos e económicos desempenham também um papel fundamental. O paternalismo e a falta de sensibilização da comunidade limitam a distribuição equitativa dos rendimentos, perpetuando a desigualdade no acesso aos recursos essenciais. Os sistemas de saúde ineficientes, que muitas vezes não dispõem do equipamento, dos recursos e do pessoal necessários, também contribuem para a subnutrição, impedindo a prestação de cuidados adequados e atempados às crianças em risco. Estas deficiências sistémicas criam uma barreira adicional na luta contra a subnutrição, limitando o acesso a serviços de saúde essenciais que poderiam prevenir e tratar as deficiências nutricionais nas comunidades mais vulneráveis.

- **Fisiopatologia da malnutrição infantil**

A nutrição está intimamente relacionada com o processo biológico de crescimento, que pode ser expresso por um aumento (balanço positivo), manutenção (balanço neutro) ou diminuição (balanço negativo) da massa e do volume corporais, conforme descrito. Estas alterações afectam não só o tamanho do corpo, mas também a adaptação às exigências do desenvolvimento da forma, função e composição do corpo. Um crescimento adequado depende de um equilíbrio entre a síntese e a degradação dos tecidos corporais. No entanto, quando a taxa de síntese é inferior à taxa de destruição, ocorre uma perda progressiva de massa corporal. Este equilíbrio negativo, que pode ter várias causas, não pode ser mantido por períodos prolongados sem causar disfunções orgânicas graves e potencialmente fatais.

A desnutrição, enquanto estado de défice nutricional crónico, interfere nas funções celulares de forma gradual e sistemática. Inicialmente, as reservas de nutrientes do organismo ficam comprometidas, afectando processos vitais como a reprodução e o crescimento. À medida que a desnutrição progride, a capacidade do organismo para responder ao stress, alterar o seu metabolismo energético e regular os mecanismos de comunicação intra e intercelular fica comprometida. Estas alterações afectam igualmente a produção de energia e a geração de calor corporal, colocando o organismo num estado catabólico extremo. Sem uma intervenção atempada, este catabolismo progressivo conduz inevitavelmente à degradação e eventual destruição do indivíduo.

A fisiopatologia da malnutrição pode envolver quatro mecanismos principais que contribuem para a deterioração do organismo:

a. Falta de ingestão de energia: A ingestão insuficiente de calorias e de nutrientes essenciais impede o organismo de receber a energia necessária para as suas funções básicas, o que leva a uma redução do crescimento e da manutenção dos tecidos.

b. Perturbações da absorção: Mesmo quando os alimentos são ingeridos, se houver perturbações na capacidade do intestino para absorver os nutrientes (como nos casos de diarreia crónica ou de doença intestinal), o organismo não recebe os recursos necessários para suportar as suas funções.

c. Catabolismo exagerado: O catabolismo é o processo de decomposição de moléculas complexas em componentes mais simples para libertar energia. No entanto, quando este processo é excessivo, como em situações de stress ou de doença, o organismo destrói a sua própria massa muscular e o tecido adiposo para obter energia, agravando a perda de massa corporal.

d. Excesso de excreção: Quando o organismo perde uma quantidade excessiva de nutrientes através da excreção, como no caso de doenças renais ou gastrointestinais, cria-se um desequilíbrio que impede a manutenção de um estado nutricional adequado.

À medida que estes mecanismos falham, o corpo sofre uma série de efeitos em cascata que afectam todos os sistemas, desde a imunidade ao sistema nervoso central, colocando a vida de uma criança em sério risco. A malnutrição infantil não só afecta o crescimento físico, como também compromete o desenvolvimento cognitivo e emocional, perpetuando um ciclo de pobreza e vulnerabilidade que é difícil de quebrar sem intervenções precoces e adequadas.

- **Sinais universais**

Existem certos sinais clínicos que estão presentes em todos os doentes que sofrem de malnutrição, sendo três os principais observados na maioria dos casos:

a. Diluição bioquímica: Este fenómeno é especialmente frequente nos casos de desnutrição proteico-energética, em que a hipoproteinemia sérica é um aspeto caraterístico, embora também possa ocorrer noutros quadros clínicos relacionados com a desnutrição. (Santafé Sánchez, Sánchez Rodríguez, A.L., & C.H., 2012).. A hipoproteinemia manifesta-se com uma diminuição da osmolaridade sérica, levando a desequilíbrios electrolíticos como a hiponatremia (baixo teor de sódio no sangue), hipocaliemia (baixo teor de potássio) e hipomagnesemia (baixo teor de magnésio). Estes desequilíbrios comprometem o funcionamento dos sistemas corporais, afectando processos vitais como o transporte de nutrientes e a regulação hídrica, o que agrava o estado geral do doente.

b. Hipofunção: Em condições de subnutrição, a maioria dos sistemas do organismo apresenta um funcionamento deficiente. Isto significa que, devido à falta de nutrientes essenciais, os órgãos são incapazes de desempenhar normalmente as suas funções. Este défice funcional afecta sistemas-chave como o cardiovascular, o imunitário e o digestivo, reduzindo a capacidade do organismo para lidar com infecções, regular a temperatura corporal e metabolizar os alimentos. A hipofunção está também associada à redução da atividade física e mental, o que tem impacto no desenvolvimento cognitivo e motor, especialmente nas crianças.
c. Hipotrofia: A diminuição da ingestão calórica provoca um esgotamento progressivo das reservas energéticas do organismo. Inicialmente, o organismo utiliza as suas reservas de glicogénio e de gordura para compensar a falta de nutrientes, mas com o

tempo, a massa muscular é também afetada, resultando numa perda significativa de peso e de altura. Este definhamento não se manifesta apenas na aparência física, como a redução do panículo adiposo (tecido adiposo subcutâneo) e da massa muscular, mas também compromete o processo de ossificação, retardando o crescimento ósseo (UNICEF, 2021). Nas crianças, este sinal é particularmente preocupante, pois afecta a sua altura e peso em relação aos padrões normais de crescimento, o que pode ter consequências permanentes no seu desenvolvimento se não for tratado atempadamente.

A presença destes sinais universais reflecte a gravidade do estado nutricional do doente e demonstra as múltiplas formas em que a malnutrição afecta o organismo. Cada um destes sinais realça um aspeto crítico da fisiopatologia da malnutrição, mostrando como as deficiências de nutrientes afectam não só o crescimento físico, mas também a capacidade funcional e metabólica do organismo. Sem uma intervenção adequada e atempada, estes sinais podem evoluir para complicações graves e potencialmente fatais.

Desenvolvimento psicomotor na primeira infância

O desenvolvimento psicomotor durante a primeira infância é um processo essencial que abrange os primeiros anos de vida de uma criança, um período em que são lançadas as bases para o crescimento físico, cognitivo, emocional e social. Este período, do nascimento aos seis anos de idade, é especialmente crítico porque o cérebro e o sistema nervoso estão no seu estado mais plástico. Isto significa que os estímulos e experiências recebidos nesta fase terão um impacto profundo e duradouro no desenvolvimento futuro da criança. No entanto, a subnutrição pode perturbar significativamente este processo, impedindo o desenvolvimento adequado e provocando atrasos que afectam todas as áreas do crescimento.

1. Importância do desenvolvimento psicomotor e sua relação com a alimentação.

O desenvolvimento psicomotor é fundamental para que as crianças adquiram as competências necessárias para interagir eficazmente com o seu ambiente. Durante os primeiros anos de vida, as crianças passam por uma série de fases em que desenvolvem competências motoras grossas e finas, como gatinhar, andar e manipular objectos. Estas competências não são apenas essenciais para a autonomia física, mas estão também profundamente ligadas ao desenvolvimento cognitivo e emocional. No entanto, quando uma criança sofre de malnutrição, estas fases podem ser comprometidas, levando a atrasos na aquisição de competências motoras, cognitivas e sociais.

Uma nutrição adequada é essencial para um funcionamento ótimo do cérebro. Durante os primeiros anos de vida, o cérebro do bebé desenvolve-se rapidamente, criando ligações neuronais que são fundamentais para a aprendizagem. A falta de nutrientes essenciais como as proteínas, os ácidos gordos essenciais e os micronutrientes (ferro, zinco, iodo) pode perturbar este processo, resultando num fraco desenvolvimento psicomotor. Por exemplo, uma criança malnutrida que não receba uma quantidade adequada de alimentos não só terá dificuldade em manipular objectos ou realizar tarefas motoras, como também terá problemas de atenção, memória e processamento cognitivo, afectando a sua capacidade de aprender e resolver problemas.

2. Componentes do desenvolvimento psicomotor e efeitos da malnutrição

O desenvolvimento psicomotor na primeira infância engloba várias componentes importantes, todas elas susceptíveis de serem afectadas pela subnutrição:

a. Desenvolvimento motor: O desenvolvimento motor envolve a aquisição de capacidades motoras grossas e finas. As crianças que sofrem de malnutrição têm frequentemente fraqueza muscular e falta de energia, o que as impede de progredir em etapas fundamentais como gatinhar, andar ou correr. A falta de nutrientes essenciais afecta o crescimento dos ossos e dos músculos, o que também atrasa as competências mais finas, como agarrar objectos, desenhar ou executar tarefas que exigem coordenação motora.
b. Desenvolvimento cognitivo: O desenvolvimento cognitivo inclui a capacidade das crianças para pensar, aprender e resolver problemas. Em casos de subnutrição, o cérebro não recebe os nutrientes de que necessita para desenvolver eficazmente as ligações neuronais. Isto pode resultar em dificuldades de concentração, problemas de memória e uma capacidade reduzida de compreender conceitos básicos como o espaço e o tempo.

Estes défices cognitivos podem ter um impacto duradouro no desempenho académico e no desenvolvimento intelectual.

c. Desenvolvimento emocional e social: As crianças malnutridas têm frequentemente dificuldades na regulação emocional e nas competências sociais. A subnutrição crónica pode provocar irritabilidade, fadiga e uma capacidade reduzida de interagir eficazmente com os colegas. Além disso, a falta de um ambiente nutricional adequado durante a primeira infância pode limitar a sua capacidade de formar laços emocionais seguros com os seus cuidadores, afectando o seu bem-estar emocional e social a longo prazo.
d. Desenvolvimento da linguagem: A malnutrição também tem um impacto direto no desenvolvimento da linguagem. As crianças que não recebem uma nutrição adequada durante os primeiros anos de vida podem sofrer atrasos na aquisição da linguagem e na capacidade de formar frases complexas ou de exprimir ideias. A falta de proteínas e de micronutrientes essenciais afecta o desenvolvimento do cérebro, o que, por sua vez, tem impacto nas capacidades de comunicação.

3. O impacto da subnutrição no bem-estar geral da criança

A subnutrição na primeira infância não só afecta o desenvolvimento psicomotor, como também tem repercussões a longo prazo na saúde física e mental da criança. As crianças subnutridas tendem a ter um sistema imunitário enfraquecido, o que as torna mais susceptíveis a doenças infecciosas, e são menos capazes de lidar com o stress emocional e social. A nível cognitivo, a falta de nutrientes essenciais durante os primeiros anos pode afetar permanentemente o desempenho académico, limitando as oportunidades de aprendizagem e de sucesso escolar.

A nível físico, a subnutrição compromete o crescimento, o que pode levar a problemas de baixa estatura ou atraso no desenvolvimento. Além disso, as crianças que não atingem um desenvolvimento motor adequado devido à subnutrição têm mais dificuldade em realizar tarefas quotidianas, como escrever ou brincar, o que tem impacto na sua autoestima e capacidade de integração social. Por conseguinte, o apoio nutricional precoce é crucial para garantir que as crianças construam uma base sólida que lhes permita desenvolver-se de forma holística e enfrentar os desafios da vida.

O desenvolvimento psicomotor na primeira infância é, portanto, um processo essencial que afecta todos os aspectos do bem-estar e do crescimento das crianças. No entanto, a malnutrição compromete gravemente este desenvolvimento, afectando as áreas motora, cognitiva, emocional e linguística. Para garantir que as crianças atingem todo o seu potencial, é fundamental que os prestadores de cuidados, os educadores e as autoridades de saúde proporcionem não só um ambiente estimulante e acolhedor, mas também um acesso adequado a uma alimentação de qualidade. Só assim se pode garantir um desenvolvimento psicomotor ótimo e um futuro saudável para as crianças.

Efeitos da desnutrição no desenvolvimento psicomotor

A subnutrição tem um impacto profundo no desenvolvimento psicomotor das crianças, comprometendo o desenvolvimento de competências motoras, cognitivas, sociais e emocionais. O processo de crescimento humano requer uma nutrição adequada para que as crianças atinjam os marcos do desenvolvimento psicomotor. Alguns dos efeitos mais proeminentes são explicados de seguida:

a. Competências motoras e coordenação

- Redução das capacidades de manipulação: As crianças que sofrem de malnutrição apresentam frequentemente fraqueza muscular e fadiga, o que afecta a sua capacidade de realizar tarefas básicas que envolvem a manipulação de objectos, como pegar em ferramentas, desenhar ou brincar com brinquedos. Esta situação diminui a coordenação mão-olho e a destreza manual, elementos-chave do desenvolvimento psicomotor. A falta de energia afecta a capacidade das crianças para controlar os movimentos finos e grosseiros, atrasando o seu progresso em actividades fundamentais como andar, correr ou utilizar utensílios.
- Resposta reduzida aos estímulos: A malnutrição também compromete o sistema nervoso central, resultando numa resposta motora mais lenta. Isto impede as crianças de reagirem rapidamente aos estímulos ambientais, afectando tanto a sua capacidade de se defenderem como a sua interação com o ambiente físico. Por exemplo, uma criança malnutrida pode

demorar mais tempo a aprender a correr ou a saltar, o que prejudica a sua capacidade de explorar o mundo à sua volta.

b. Crescimento cognitivo e pensamento abstrato.

- Défice de pensamento abstrato: O desenvolvimento cognitivo é também profundamente afetado pela malnutrição. Para que uma criança desenvolva capacidades de resolução de problemas e de planeamento, é necessária uma nutrição adequada que permita a criação e o reforço das ligações neuronais. As crianças subnutridas têm frequentemente dificuldade em realizar tarefas que envolvem o pensamento abstrato, como antecipar o resultado de uma ação ou coordenar movimentos complexos. Este défice cognitivo limita a sua capacidade de aprender eficazmente e afecta negativamente o seu desenvolvimento psicomotor.

- Atrasos na aprendizagem social: A aprendizagem social, que inclui a observação e a imitação das acções dos outros, é fundamental para o desenvolvimento psicomotor. No entanto, as crianças malnutridas, devido à sua falta de energia e aos atrasos no desenvolvimento cognitivo, têm frequentemente dificuldade em seguir e imitar as acções dos colegas e dos adultos. Isto afecta a aquisição de competências motoras finas e grossas, que são fundamentais para o desenvolvimento físico e social da criança.

c. Adaptação ao ambiente e sobrevivência

- Défice de desenvolvimento devido à falta de nutrientes: A malnutrição afecta diretamente a sobrevivência e o desenvolvimento das capacidades necessárias para a vida quotidiana. As crianças que não recebem uma nutrição adequada têm menos energia para aprender a mover-se, manipular objectos e explorar o ambiente. Isto compromete a sua capacidade de adaptação a diferentes situações, afectando a sua capacidade de se alimentar adequadamente e de desenvolver outras capacidades psicomotoras necessárias à sobrevivência.

- Alterações nos padrões de atividade: As crianças malnutridas tendem a ser menos activas devido à fadiga crónica e à falta de energia. Isto afecta a sua capacidade de manter padrões de atividade física regular, o que pode limitar a sua capacidade de desenvolver capacidades motoras avançadas. A longo prazo, isto pode alterar o seu desenvolvimento psicomotor, afectando a sua capacidade de participar em actividades físicas e mentais.

d. Desenvolvimento social e comunitário

- Dificuldades de interação e comunicação: A malnutrição pode afetar o desenvolvimento da linguagem e as competências sociais, limitando a capacidade das crianças para interagir com os colegas e com os prestadores de cuidados. A falta de uma nutrição adequada atrasa a aquisição de competências linguísticas e corporais, componentes essenciais de uma comunicação eficaz. As crianças malnutridas tendem a mostrar menos interesse na interação social, o que as impede de aprender através da observação e da brincadeira, actividades essenciais para o seu desenvolvimento psicomotor e social.

- Inibição do jogo e da socialização: A brincadeira, um instrumento essencial para o desenvolvimento psicomotor, é limitada nas crianças malnutridas devido à falta de energia. Ao não se envolverem ativamente em brincadeiras, as crianças perdem oportunidades de desenvolver competências sociais e motoras cruciais. As actividades que envolvem a expressão corporal, a utilização de gestos e a coordenação de grupos são limitadas, o que dificulta a sua adaptação social e a sua participação no ambiente comunitário.

e. Cultura e tradições

- Limitações na participação em actividades culturais e simbólicas: Em muitas culturas, as actividades simbólicas e rituais, como as danças ou cerimónias tradicionais, envolvem movimentos coordenados e rítmicos que promovem o desenvolvimento psicomotor. No entanto, as crianças subnutridas são frequentemente demasiado fracas para participar nestas actividades, o que afecta a sua integração cultural e a aquisição de competências psicomotoras relacionadas com a expressão rítmica e a coordenação de grupos.

- Impacto no sentimento de pertença e no desenvolvimento psicomotor em contextos culturais: A incapacidade de participar plenamente em rituais e tradições afecta não só o desenvolvimento psicomotor das crianças subnutridas, mas também o seu sentido de identidade cultural e de pertença. A prática do movimento simbólico e da coordenação no contexto das actividades tradicionais promove o desenvolvimento físico e emocional, que é limitado nas crianças com malnutrição crónica.

A malnutrição tem um impacto devastador no desenvolvimento psicomotor das crianças. Ao afetar as capacidades motoras, cognitivas e sociais, limita a sua capacidade de interagir com o ambiente, de aprender eficazmente e de participar em actividades que são fundamentais para o seu bem-estar geral. A luta contra a subnutrição não só melhora a saúde física das crianças, como também lhes permite atingir todo o seu potencial em termos de desenvolvimento psicomotor, cognitivo e social, dando-lhes assim a oportunidade de se integrarem melhor na sua comunidade e cultura.

Intervenções nutricionais

Segundo a Organização Mundial de Saúde (OMS), a subnutrição afecta mais de 200.000 crianças com menos de cinco anos em todo o mundo, que não dispõem de alimentos suficientes para satisfazer as suas necessidades básicas. Este fenómeno é alarmante, uma vez que a falta de nutrientes essenciais numa fase tão crítica do desenvolvimento tem consequências graves e a longo prazo para a saúde física e cognitiva das crianças. Entre as muitas alternativas para combater a desnutrição, uma das mais promissoras é a utilização da soja como fonte primária de proteínas. (Saúde O. M., 2021)..

A soja é uma leguminosa altamente eficiente para a produção de proteínas de boa qualidade e é uma opção viável num mundo onde a escassez de alimentos é um problema crescente. A combinação da proteína de soja com a proteína dos cereais oferece uma solução eficaz para aumentar a quantidade e a qualidade da proteína na dieta. Isto deve-se ao facto de as proteínas de ambos os grupos alimentares serem complementares. Os cereais são frequentemente deficientes em lisina, um aminoácido essencial que está presente na soja. Esta sinergia nutricional permite melhorar o valor biológico das proteínas consumidas, o que é fundamental para combater a desnutrição. Além disso, a soja pode ser cultivada em grandes quantidades, o que a torna um recurso sustentável e acessível para mitigar a desnutrição em várias regiões do mundo. (Alberto Javier García-Garroa, 2007)..

Desnutrição aguda grave (SAM) e sua relação com as infecções

A subnutrição, em especial a subnutrição aguda grave (SAM), está geralmente associada a um aumento da incidência de várias infecções, tais como a gastroenterite, as infecções respiratórias agudas, o VIH/SIDA e a tuberculose, entre outras. Estas infecções não só agravam o estado das crianças afectadas, como também complicam o tratamento clínico da desnutrição, uma vez que os doentes podem necessitar de tratamentos complexos, incluindo antibióticos de segunda linha, anti-retrovirais ou medicamentos específicos para a tuberculose. No entanto, a farmacocinética destes medicamentos em crianças malnutridas não foi suficientemente estudada. Nos doentes com DAS, o sistema fisiológico está comprometido, o que altera a disposição, o metabolismo e a eficácia dos medicamentos, o que, por sua vez, afecta o tratamento das infecções (Goyheneix, 2019).

É fundamental melhorar a investigação sobre a gestão destes medicamentos em populações subnutridas, uma vez que a administração de medicamentos pode apresentar riscos adicionais em crianças com sistemas imunitários e metabólicos debilitados. A dosagem e a seleção corretas dos tratamentos medicamentosos são essenciais para evitar complicações e garantir a eficácia do tratamento.

Tratamentos nutricionais para a malnutrição

Uma abordagem abrangente ao tratamento da desnutrição deve centrar-se na garantia de que os doentes toleram adequadamente os alimentos e nutrientes que recebem, bem como na garantia da sua biodisponibilidade. Uma gestão nutricional eficaz deve preservar o equilíbrio do microbioma intestinal e reduzir os níveis de inflamação sistémica, uma vez que estes factores são fundamentais para a recuperação global da saúde.

Os alimentos para fins medicinais específicos desempenham um papel importante no tratamento da malnutrição. Estes alimentos são especificamente formulados para satisfazer as necessidades dietéticas de doentes que não conseguem ingerir, digerir, absorver ou metabolizar alimentos normais devido à sua condição médica. São essenciais para os doentes com capacidade limitada para processar os alimentos convencionais, incluindo os bebés que necessitam de supervisão médica para a gestão da dieta. (Moreno, Señarís, & Montserrat, 2020)..

Estes produtos especializados não só melhoram o estado nutricional, como também ajudam a restaurar as funções corporais normais, fornecendo nutrientes em formas mais fáceis de absorver. Isto é especialmente importante nas crianças gravemente subnutridas, que podem ter problemas digestivos ou metabólicos que dificultam a recuperação se lhes forem dados alimentos não adaptados às suas necessidades específicas.

Aumentar a sustentabilidade e a acessibilidade da intervenção nutricional

Para além das abordagens tradicionais à intervenção nutricional, é fundamental considerar a sustentabilidade e a acessibilidade das soluções propostas. A produção em massa de culturas como a soja, associada a iniciativas para melhorar a distribuição de alimentos especializados em áreas vulneráveis, oferece uma oportunidade para abordar o problema da subnutrição de uma forma mais eficiente e a longo prazo. A implementação de políticas agrícolas que promovam o cultivo de alimentos ricos em proteínas, como a soja, pode fazer uma diferença significativa na prevenção da subnutrição infantil em áreas rurais e empobrecidas.

Ao mesmo tempo, é necessário melhorar as infra-estruturas de saúde nestas regiões para garantir que as crianças subnutridas recebam não só um tratamento nutricional adequado, mas também os cuidados médicos necessários para tratar as infecções associadas à subnutrição. Com uma melhor coordenação entre as políticas agrícolas, os serviços de saúde e os programas de alimentação, o impacto da subnutrição infantil a nível mundial poderia ser significativamente reduzido.

Programas de alimentação e recuperação nutricional

Os programas de alimentação e de recuperação nutricional são intervenções-chave concebidas para combater a subnutrição, especialmente em populações vulneráveis como as crianças com menos de cinco anos, as mulheres grávidas, os bebés e as comunidades com baixos rendimentos. Estes programas têm como objetivo não só proporcionar o acesso a alimentos de qualidade, mas também restaurar o estado nutricional das pessoas que já sofrem de desnutrição, promovendo a sua recuperação global e sustentada.

a. Objectivos dos programas alimentares

O principal objetivo dos programas de alimentação é garantir que os indivíduos recebem os nutrientes essenciais necessários ao seu desenvolvimento e bem-estar. No caso das crianças, estes programas procuram prevenir e tratar a subnutrição aguda e crónica, que pode ter efeitos devastadores no seu crescimento físico, desenvolvimento cognitivo e saúde em geral. Os programas de alimentação são também concebidos para garantir a segurança alimentar, assegurando que as famílias vulneráveis têm um acesso consistente a alimentos nutritivos, mesmo em alturas de crise, como catástrofes naturais ou situações de conflito.

b. Componentes-chave dos programas de recuperação nutricional

1. distribuição de alimentos fortificados: os alimentos fortificados, tais como os cereais enriquecidos com vitaminas e minerais, são frequentemente utilizados nestes programas para

garantir que as pessoas recebem micronutrientes essenciais que muitas vezes faltam nos seus regimes alimentares. Isto é especialmente importante nas zonas rurais e pobres, onde o acesso a uma dieta variada é limitado.

Suplementos nutricionais terapêuticos: Em casos de desnutrição aguda grave, os suplementos nutricionais terapêuticos são essenciais para a recuperação. Estes produtos, tais como pastas de amendoim fortificadas e formulações especiais, são concebidos para fornecer uma elevada concentração de calorias e nutrientes facilmente absorvidos, permitindo uma rápida recuperação do estado nutricional dos doentes mais graves.

3. Cuidados médicos completos: Os programas de recuperação nutricional incluem frequentemente cuidados médicos completos para tratar as complicações associadas à subnutrição, tais como infecções gastrointestinais, deficiências imunitárias, anemia e doenças respiratórias. Esta abordagem holística é essencial, uma vez que a malnutrição enfraquece o sistema imunitário, tornando os doentes mais susceptíveis a infecções e doenças.

Educação nutricional: A educação nutricional é uma componente essencial para garantir que as intervenções sejam sustentáveis a longo prazo. Ensinar as famílias e as comunidades sobre a importância de uma dieta equilibrada, das práticas de higiene e dos métodos corretos de alimentação das crianças é crucial para evitar a recorrência da subnutrição. Esta componente também promove a capacitação das comunidades para uma melhor gestão dos seus recursos alimentares.

Tipos de programas de alimentação

Existem diferentes tipos de programas de alimentação, adaptados às necessidades específicas das populações que servem. Alguns dos mais comuns são:

1. Programas de alimentação escolar: Estes programas fornecem refeições nutritivas às crianças em idade escolar, melhorando não só o seu estado nutricional mas também o seu desempenho académico. As refeições escolares podem ser a principal fonte de alimentos de qualidade para muitas crianças que vivem na pobreza.
2. Centros de recuperação nutricional: Estes centros foram concebidos para tratar casos graves de subnutrição, fornecendo não só alimentos, mas também cuidados médicos e um acompanhamento constante para garantir a recuperação adequada das crianças e dos adultos afectados.
3. Programas de assistência alimentar de emergência: Durante crises como guerras, catástrofes naturais ou pandemias, os programas de assistência alimentar fornecem alimentos básicos às comunidades afectadas, evitando a fome e a subnutrição em massa.

Importância da sustentabilidade

Um dos maiores desafios que se colocam aos programas de recuperação alimentar e nutricional é assegurar a sua sustentabilidade a longo prazo. Para que estas intervenções sejam eficazes, devem ser acompanhadas de políticas que promovam o acesso contínuo a alimentos de qualidade e incentivem a produção local de alimentos. A colaboração entre os governos, as organizações não governamentais e a comunidade é essencial para criar sistemas de distribuição de alimentos eficientes e equitativos.

Além disso, é crucial investir em infra-estruturas de saúde e educação para que as pessoas possam aprender a gerir a sua própria segurança alimentar. Os programas devem trabalhar no reforço das capacidades locais, para que as comunidades possam manter uma boa nutrição sem depender de ajuda externa no futuro.

Os programas de recuperação alimentar e nutricional desempenham, por conseguinte, um papel vital na luta contra a subnutrição a nível mundial. Ao proporcionar acesso a alimentos nutritivos, suplementos terapêuticos e cuidados médicos, estes programas ajudam a restabelecer a saúde das pessoas mais vulneráveis e a prevenir as consequências a longo prazo da subnutrição. Para maximizar o seu impacto, estes programas têm de ser sustentáveis e integrados numa estratégia mais vasta que inclua a educação nutricional e o reforço da comunidade. Só através de uma abordagem global poderemos assegurar que todas as crianças e adultos tenham a oportunidade de desenvolver todo o seu potencial e de viver uma vida saudável.

A perspetiva da educação popular sobre a educação nutricional

Através da implementação da educação para a saúde, a má interpretação da desnutrição poderia ser erradicada, uma vez que é possível desenvolver uma relação correta com os alimentos e explicar a ingestão adequada para prevenir potenciais problemas de saúde. No entanto, novas práticas pedagógicas como a educação nutricional são necessárias para o reconhecimento integral da pessoa, e assim compreender as suas experiências anteriores, a fim de facilitar a incorporação de ferramentas úteis e alimentos saudáveis na sua vida quotidiana. (Ruiz Arciniega, 2021)..

No âmbito da educação nutricional, deve ser tida em conta a informação sobre dietas adequadas, metodologias para uma boa nutrição e dietas saudáveis, bem como a preparação de alimentos saudáveis. Através das informações fornecidas sobre nutrição, saúde e direitos sociais, estima-se que as pessoas criem consciência sobre o problema da desnutrição que está sendo criado e, por sua vez, se expandindo em todo o mundo, espera-se que os cidadãos promovam ações de participação cidadã na construção de políticas públicas de nutrição e saúde, a fim de implementar hábitos e estilos de vida saudáveis e, assim, melhorar a qualidade de vida de cada um deles. (Quevedo Bolívar, 2019)..

Prevenção e redução da malnutrição infantil

Por conseguinte, a prevenção da subnutrição infantil exige abordagens a curto e a longo prazo, bem como a melhoria dos factores sociais e económicos determinantes da subnutrição, que incluem a melhoria da educação materna, a criação de oportunidades económicas para cultivar e comprar alimentos para as crianças, água e saneamento, acesso a serviços de saúde de qualidade e a capacitação das mulheres na sociedade.

Embora, a curto prazo, a redução da subnutrição infantil exija a proteção, a promoção e o apoio ao aleitamento materno, o aconselhamento e a educação sobre a alimentação complementar, especialmente na ausência de segurança alimentar e o fornecimento de alimentos complementares juntamente com o aconselhamento adequado, a redução da frequência e da duração das infecções e da diarreia e a promoção do aumento da ingestão de alimentos após a doença para a fase de "crescimento rápido".

Para alcançar uma cobertura adequada, as intervenções acima descritas devem ser integradas nos programas de cuidados de saúde primários para mulheres grávidas, parto, recém-nascidos e crianças pequenas. A melhoria da nutrição dos lactentes e das crianças jovens deve ser uma prioridade para todos os profissionais de saúde e não deve limitar-se ao domínio dos nutricionistas.

Os profissionais de saúde devem possuir os conhecimentos e as competências técnicas necessárias para aconselhar adequadamente as mães sobre o aleitamento materno e a alimentação complementar; gerir os problemas de alimentação e nutrição; e tratar as doenças que conduzem à malnutrição. (Saca Molina, 2018).

Devem ser considerados os seguintes aspectos:

- **Melhoria da alimentação:** promoção do aleitamento materno, alimentação complementar adequada e alimentação durante a doença e a convalescença.

- **Suplementação de micronutrientes:** Suplemento de vitamina A, suplemento de ferro e suplemento de zinco.

- **Acções de saúde pública:** promoção e monitorização do crescimento, prestação de serviços básicos de saúde e utilização de água potável (Ministério da Saúde Pública, 2009).

De acordo com (Carpio-Arias, et al., 2018) para além da sua expressão corporal, muitas vezes dolorosa, e do seu conteúdo afetivo e emocional, as doenças nutricionais têm um sentido e significado social, como expressão patológica das necessidades de quem delas padece, afectando a todos. A desnutrição é assim considerada como um fenómeno de origem multifatorial, resultante de um vasto conjunto de condições sociais e económicas, constituindo um dos problemas mais prementes na população infantil.

- Projectos inovadores em diferentes comunidades

Um dos principais componentes que existe na população e que tem mais peso na prevenção da desnutrição é o componente educativo, onde nós, como profissionais, propomos este artigo para que os pais tenham em consideração a educação formal e a educação para a saúde nutricional, onde serão detalhadas diferentes práticas que são especificamente concebidas para proteger e promover a saúde, um exemplo é fornecer às mulheres alimentos abundantes, densos em energia, durante os primeiros meses após o parto, a fim de promover e proteger o estado de saúde da comunidade.

A desnutrição está mais presente nas épocas de máxima aceleração do crescimento das crianças, especialmente nos bebés dos 0 aos 5 anos de idade. Portanto, como profissionais, precisamos conhecer o estado nutricional dessas crianças em Guayaquil, dependendo de sua idade, sexo, hábitos alimentares e componentes associados, como status socioeconômico, para que, por meio desses dados, possamos planejar atividades e procedimentos de prevenção em benefício da população, correndo o risco de influenciar severamente o sistema nervoso central, o sistema protetor do corpo (imunológico) e o desenvolvimento psicomotor e psicossocial de crianças menores de 5 anos de idade. (García-Sámano, 2018).
Além disso, é necessário contribuir para os Cuidados de Saúde Primários, fornecendo uma base estatística sobre a questão da desnutrição, que é atualmente considerada um problema de saúde pública para a prevenção da desnutrição. Uma forma de superar este problema é através da aplicação de um programa de reabilitação nutricional que não só reverta este problema físico, mas que também promova mudanças comportamentais na alimentação e na saúde das mães de crianças com défices nutricionais, com o objetivo de obter diferentes benefícios que não só permitirão a recuperação nutricional da criança, mas também evitarão que esta ou qualquer outra criança da sociedade caia nas garras da desnutrição.

Por outro lado, é necessário dar mais ênfase a este problema, uma vez que no nosso país existem muitas comunidades com baixos recursos económicos, onde poderemos ajudá-las e às suas famílias, uma vez que isto conduz a problemas a longo prazo a nível social, onde a única forma de contrariar a desnutrição infantil é atacar diretamente a causa deste problema social devido à dimensão do problema nutricional no Equador, É essencial ter um sistema eficaz para detetar crianças com desnutrição e reabilitá-las de uma forma correta, eficiente e abrangente que permita sustentá-las a tempo e que envolva não só o pessoal de saúde, mas também as mães das crianças desnutridas e a sociedade em geral.

Incidência da malnutrição infantil em menores de cinco anos no Equador

De acordo com o Programa Alimentar Mundial (PAM), o Equador é considerado o quarto país da América Latina, depois da Guatemala, Honduras e Bolívia, com as piores taxas de desnutrição infantil. Atualmente, 26% da população infantil equatoriana, desde o nascimento até aos cinco anos de idade, sofre de desnutrição crónica, uma situação que é pior nas zonas rurais, onde atinge 35,7% das crianças, e é ainda mais crítica nas crianças ameríndias, com taxas superiores a 40%. Na América Latina, quase 40% das famílias vivem em situação de extrema pobreza crítica, aproximadamente 60 milhões de crianças pertencem a essas famílias; 20% dessas famílias vivem em estado de pobreza absoluta. (Peñafiel Carriel, 2015)..

A subnutrição deve-se principalmente à ingestão insuficiente de proteínas e micronutrientes, existem aproximadamente 821 milhões de pessoas subnutridas no mundo, sendo esta a principal causa de atraso de crescimento, baixa estatura e défices cognitivos e nos países em desenvolvimento está associada a 60% das mortes infantis (Rivadeneira, 2020).. No entanto, as deficiências de micronutrientes, a deficiência de ferro é mais prevalente.

No México, 4,4 por cento da população declarou-se em situação de pobreza extrema e 20 por cento abaixo do bem-estar mínimo. Em crianças com desnutrição aguda moderada, os alimentos suplementares produzem um aumento médio da taxa de recuperação de cerca de 30% (0,28); além disso, quando estes alimentos são retirados, as taxas de recaída atingem 50% no primeiro ano. (Talavera, 2020)..

Resumo das principais conclusões

Em primeiro lugar, poder-se-ia dizer que, na maioria dos casos, as mães não estão bem informadas sobre a alimentação adequada para os seus filhos e, por sua vez, são influenciadas pelo ambiente que as rodeia, como o baixo rendimento económico dos seus pais, o baixo nível académico dos mesmos, entre outros factores que influenciam como ter habitação, serviços básicos e, acima de tudo, ter um bom acesso à alimentação: Baixo rendimento económico dos seus pais, baixo nível académico dos mesmos, entre outros factores que influenciam como ter habitação, serviços básicos e sobretudo ter um bom acesso à alimentação.

O objetivo deste projeto é formar as pessoas deste sector da cidade sobre a importância de uma boa alimentação na fase da infância, uma vez que, como já foi referido, esta é uma fase em que as crianças precisam de ser muito bem alimentadas, pois é nesta fase que o seu corpo precisa mais do que os outros de obter os nutrientes e vitaminas necessários para um excelente desenvolvimento.

Com base no facto de termos a informação necessária e suficiente que nos permite chegar à seguinte conclusão, que afirma que se houver uma coordenação interinstitucional notável, será possível realizar campanhas de sensibilização sobre a desnutrição infantil crónica e contribuir para a sua melhoria.

A formação personalizada e o apoio contínuo às mães que amamentam aumentam as percentagens de crianças alimentadas exclusivamente durante os primeiros 3 meses de vida, o que nos ajuda a reduzir a percentagem de subnutrição no país.

Propostas para futuros estudos e intervenções

A intervenção nutricional precoce e automatizada, associada à colaboração clínica, é fundamental para resolver o problema da desnutrição nos hospitais e tem um grande potencial para melhorar os cuidados prestados aos doentes, bem como para reduzir os custos hospitalares.

O aleitamento materno deve ser sempre continuado e complementado conforme indicado nas diretrizes dietéticas para crianças com menos de dois anos de idade. O tratamento nutricional, como as fórmulas, deve ser dado gradualmente, complementado com outros alimentos, especialmente aqueles que podem estar disponíveis em casa do doente.

Implementar políticas administrativas e assistenciais que favoreçam uma cultura institucional que garanta a prevenção da malnutrição e da subnutrição dos pacientes.

Implementar processos para garantir uma intervenção nutricional adequada e que o estado nutricional dos pacientes seja monitorizado por rotina.

Referências

Alberto Javier García-Garroa, M. G.-F.-O. (2007). Tratamento com soja de pacientes desnutridos de 1 a 4 anos. *Elseiver*, 69-73 .

Alvarez Ortega, L. G. (2019). Desnutrição infantil, um olhar de diferentes fatores. *Investigación Valdizana, 13(1),* , 15-26.

Alvarez Ortega, L. G. (2019). Desnutrição infantil, um olhar de diferentes fatores. *INVESTIGACIÓN VALDIZANA*, 1-12.

Álvarez Ortega, L. G. (2019). Desnutrição infantil, um olhar de diferentes fatores. *Universidad Nacional Hermilio Valdizán, Peru,* 15-26.

Álvarez Ortega, L. G. (2019). Desnutrição infantil, um olhar de diferentes fatores. *Universidad Nacional Hermilio Valdizán*, 15-26.

Brahm, P., & Valdés, V. (2017). Benefícios do aleitamento materno e riscos da não amamentação. *Rev Chil Pediatr*, 7-14.

Cancela, M. d. (15 de novembro de 2021). *Innatia - Saúde, bem-estar e tradições* . Recuperado de http://www.innatia.com/s/c-alimentacion-infantil/a-grados-de-desnutricion-en-los-ninos.html

Carpio-Arias, T., Ramos-Padilla, P., Delgado-López, V., Villavicencio-Barriga, V., Carpio-Salas, J., & Morejón-Terán, Y. (2018). ESTADO NUTRICIONAL, CONSUMO ALIMENTAR, ATIVIDADE FÍSICA E TRANSTORNOS ALIMENTARES EM ADOLESCENTES DE ÁREAS URBANAS E RURAIS DA REGIÃO ANDINA DO EQUADOR. *Talentos revista de invetigación*, 84-93.

Chimborazo Bermeo, M. A., & Aguaiza Pichazaca, E. (2023). *Factores associados à desnutrição infantil crónica em crianças com menos de 5 anos de idade no Equador: Uma revisão sistemática.* Cuenca: LATAM.

Conectar, E. (18 de dezembro de 2018). Doenças nutricionais (patologia estrutural e funcional): marasmo e kwashiorkor. *ELSEVIER*, pp. 1-5.

Cueva Moncayo, M., & Pérez Padilla, P. (2021). Desnutrição infantil no Equador: uma revisão da literaturaDesnutrição infantil no Equador. Uma revisão da literatura. *Boletín de Malariología y Salud Ambiental*, 556-564.

Cuevas-Nasu, L., Gaona-Pineda, E. B., Rodríguez-Ramírez, S., Morales-Ruán, M., González-Castell, L., García-Feregrino, R., . . Rivera-Dommarco, J. (2019). Desnutrición crónica en población infantil de localidades con menos de 100 000 habitantes en México. *Salud pública de mexico*, 6-9.

Fernández-Martínez, L. S.-L.-L.-C.-D.-M. (02 de 2022). Fatores determinantes da desnutrição infantil em San Juan e Martinez, 2020. *Scielo Rev Medical Sciences*, pp. http://scielo.sld.cu/scielo.php?script=sci_arttext&pid=S1561-31942022000100005.

García-Sámano, V. M. (2018). Desnutrição crónica na infância. . *ENSANUT*, 45 - 56.

González, Z. F., Font, A. J., Ochoa, M. Y., Rodríguez, E. C., & Estrada, A. M. (2020). Desnutrição; um problema de saúde pública global. *SCielo*, 1-5.

Jiménez Benítez D., R. M. (2010). Análisis de determinantes sociales de la desnutrición en Latinoamérica. https://www.researchgate.net/publication/268376586_Analisis_de_determinantes_sociales_de_la_desnutricion_en_Latinoamerica.

Martínez, J. G., Salazar Duque, D., Portugal Morejón, C., & Lala Gualotuña, K. (2020). Estado nutricional de crianças menores de cinco anos na freguesia de Pifo. *Nutrición clínic y dietetica hospitalaria*, 90-99.

Martínez, R., & Andrés, F. (2007). *El costo del hambre: impacto social y económico de la desnutrición infantil en Centroamérica y República Dominicana.* República Dominicana: Comissão Económica para a América Latina e as Caraíbas (CEPAL).

Ministério da Saúde Pública, e. A. (2009). MANUAL DE PROCESSOS. *MSP.*

Moreno, S. P., Señarís, J. d., & Montserrat, J. G. (2020). Tratamento da desnutrição relacionada com a doença: estado da regulamentação na Saúde Nacional Espanhola. *Nutrición Hospitalaria*, 1246-1280.

Naranjo Castillo, A. E. (2020). *Desnutrição infantil Kwashiorkor.* Guayaquil: RECIMUNDO.

Naranjo Castillo, A. E., Alcivar Cruz, V. A., Rodriguez Villamar, T. S., & Betancourt Bohórquez, F. A. (03 2020). Desnutrição infantil kwashiorkor. *Saberes del Conocimiento*, pp. 24-45.

Paraje, G. (2008). Evolução da subnutrição infantil crónica e sua distribuição socioeconómica em sete países da América Latina e das Caraíbas. *CEPAL/UNICEF*.

Peñafiel Carriel, A. N. (2015). *"INCIDÊNCIA DE DESNUTRIÇÃO E SUA RELAÇÃO COM ANEMIA EM CRIANÇAS MENORES DE 5 ANOS ATENDIDAS NA CLÍNICA DA FUNDAÇÃO DE APOIO SOCIAL PADRE MANUEL SESMA, PALENQUE.* Quevedo: UNIVERSIDAD TÉCNICA ESTATAL DE QUEVEDO.

Pozo Aguilar, M. S. (10 de novembro de 2022). CONDIÇÕES SOCIODEMOGRÁFICAS E ESTADO NUTRICIONAL EM CRIANÇAS DE 1 A 5 ANOS NA PARÓQUIA DE ANGOCHAGUA. *Repositorio.* Ibarra, Equador: UNIVERSIDAD TÉCNICA DEL NORTE.

Quevedo Bolívar, P. A. (2019). Desnutrição: além das deficiências nutricionais. *Departamento de Serviço Social, Faculdade de Ciências Humanas, Universidade Nacional,* 219-239.

Quirindumbay Uchupailla, S. M. (12 2016). *Desnutrição infantil e os problemas que gera no desenvolvimento neuromotor de crianças de 1 a 3 anos no CNH San Fernando, província de Azuay, cantão de San Fernando.* Recuperado de Repositorio Institucional de la Universidad Politécnica Salesiana: https://dspace.ups.edu.ec/handle/123456789/13173

Ramos-Padilla, P. D.-L.-B.-A. (06 de abril de 2020). Tipologias nutricionais em crianças menores de 5 anos na província de Chimborazo, Equador. *Revista Espanhola de Nutrição Humana e Dietética*, pp. 1-5.

Realpe Muñoz, A. M. (2013). DESNUTRIÇÃO GRAVE DO TIPO KWASHIORKOR. *Revista Gastrohnup*, pp. 20-26.

Rivadeneira, M. F. (2020). Um modelo multicausal de desnutrição crônica e anemia em uma população infantil rural costeira no Equador. *Revista de salud maternoinfantil* , 472 - 482.

Ruiz Arciniega, J. G. (2021). A desnutrição infantil e seu efeito no neurodesenvolvimento: uma revisão crítica de uma perspetiva equatoriana. *Mikarimin. Revista Científica Multidisciplinar*, 131-146.

Saca Molina, E. C. (setembro de 2018). *Repositorio Universidad Técnica de Cotopaxi* . Recuperado de https://repositorio.utc.edu.ec/items/3b2670fe-a62d-47dc-a5fb-1d6f6055464c

Saúde, O. M. (2021). Levels and trends in child undernutrition: Joint UNICEF/WHO/World Bank Group estimates of child undernutrition: key findings from the 2021 edition. *https://iris.*who.int/handle/10665/341135, p. 31.

Saúde, O. M. (2024). A desnutrição. *OMG*, 1-6.

Santafé Sánchez, L. R., Sánchez Rodríguez, D., A.L., V. G., & C.H., G.-C. (2012). Estado nutricional em crianças hospitalizadas com diagnósticos mistos. *Nutrición Hospitalaria* , 1451-1459.

Senna Rodrigues, B., Campos Pellanda, L., & Andreatta Gottschall, B. (2012). AVALIAÇÃO NUTRICIONAL DE CRIANÇAS E ADOLESCENTES. *Rev Chil Nutr Vol. 39, Nº2.*

Talavera, J. O.-V.-A.-A.-F.-J.-E. (2020). Prevenção da desnutrição aguda moderada com um suplemento alimentar pronto para consumo em crianças pré-escolares em comunidades rurais. *Scielo*, 509-518.

UNICEF. (2021). Levels and trends in child malnutrition (Níveis e tendências da subnutrição infantil). *UNICEF, OMS e Grupo do Banco Mundial*, pp. 4-81.

UNICEF, p. l. (2022). Desnutrição crónica das crianças. 1-6. Recuperado de https://www.unicef.org/ecuador/sites/unicef.org.ecuador/files/2021-03/Desnutricion-Cronica-Infantil.pdf

MIX
Papier aus verantwortungsvollen Quellen
Paper from responsible sources
FSC® C105338

Printed by Books on Demand GmbH, Norderstedt / Germany